DUALITY

CONTENTS

004 to trace my roots
day trip to Enoshima & Kamakura

038 to trace my roots II
night trip into darkness

056 ascene from my favorite movies
私の好きな映画たち

078 interview "who am i"
HISTORY OF YU HIRUKAWA 1986-2013

096 my standard chic
私の定番

102 instagram
I♥インスタグラム

106 talk to body
Original rules of bodymake

112 YU'S SKINCARE METHOD
ベイビースキンのつくりかた

118 HOW TO BE A LADY
MIDNIGHT GIRLS TALKING

124 *FRIENDS MESSAGE*

126 *atogaki*

128 *Shoplist*

to trace my roots

day trip to Enoshima & Kamakura

2両の列車はこれより手前に停まります
The head of a 2 cars train is this point.

Don't touch me
ひらくドアにご注意!
Please take care when the doors open.

50

H

ミルクホール
CAFE
小町二丁目
3

PILLOWTALK

to trace my roots II

night trip into darkness

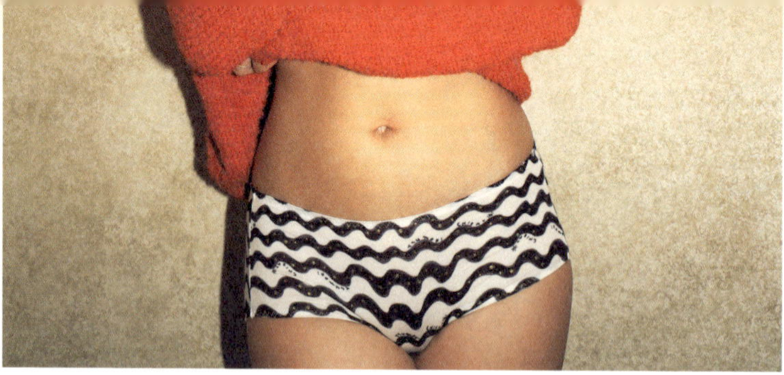

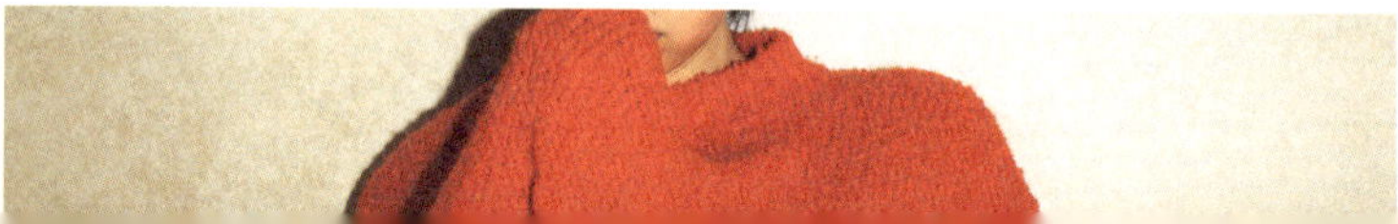

a scene from my favorite movies

〜私の好きな映画たち〜

a scene

This is a story of boy meets girl. But, you should know up front... this is not a love story.

— 映画みたいな人生 —

スクリーンの前にいるだけで、見たこともないような世界や自分ではない誰かの人生を疑似体験できる映画。その魅力に魅せられてから、数えきれないほどの作品を鑑賞してきました。中でも特に心を奪われた10タイトルの世界にトリップ!

Marie Antoinette

『マリー・アントワネット』

マリーを演じるキルステン・ダンストは大好きな女優さん。いつもは辛口な私だけど、たまにはとことん甘い、あのガーリーな世界観に浸ってみてもいいかも。

And The Band Played On

「運命の瞬間《とき》／そしてエイズは蔓延した」

エイズで若くして亡くなってしまったモデル、ティナ・ラッツも写真で出演。知性と芯の強さを感じさせる、独特の凛々しさと存在感に強く心を惹かれます。

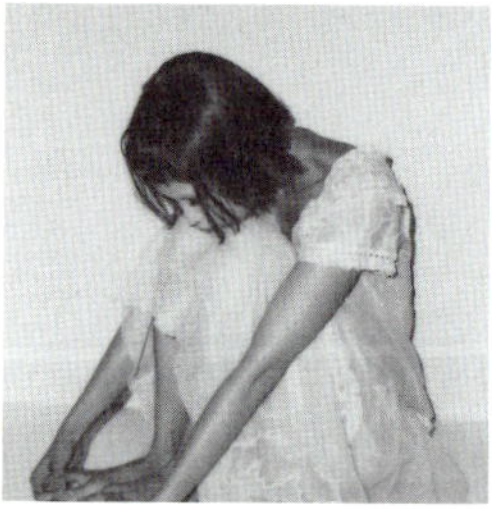

Let the Right One In

『ぼくのエリ 200歳の少女』

12歳の男の子と200歳のヴァンパイア・エリのあまりに切ないラブストーリー。怖いけれど、どこまでもピュア。エリの魔性性と純粋性、うまく表現できてる?

Annie Hall

『アニー・ホール』

ダイアン・キートンが演じるアニーみたいに、キレイな女性がマニッシュな格好をするのって素敵。本音と建て前がクロスするリアルなストーリー展開もツボ♡

favorite

rom my

Almost Famous

『あの頃ペニー・レインと』

ケイト・ハドソンが演じるグルーピーの女の子"ペニー・レイン"の真っ直ぐで愛嬌のある、でもどこか哀しげなキャラクターがとても魅力的に映るんです!

(500) Days of Summer

『(500)日のサマー』

サマーのような、自由奔放だけど自分らしく生きている女性ってステキだなって思います。誰しも、いつかは運命の人に出逢えるって思わせてくれた恋愛映画。

Life of Hanako Kiryuin

『鬼龍院花子の生涯』

印象的な着物姿がたくさん登場する作品。凛とした佇まいの女性に憧れます。夏目雅子さんもそのひとり。「なめたらいかんぜよ」とか言ってみたい(笑)。

Hedwig and the Angry Inch

『ヘドウィグ・アンド・アングリーインチ』

性差別や最愛の人からの裏切りに打ちひしがれても自分を見失わず、強くたくましく生きるヘドウィグにただただ感動。ファッションも音楽も斬新で素晴らしい!

Lords of Dogtown

『ロード・オブ・ドッグタウン』

20歳くらいの時、西海岸のファッションやライフスタイルにすっごく憧れてた。音楽もゆる〜い空気感もすべてが大好きな一本。スケボーにハマった過去も(笑)。

Gandhi

『ガンジー』

「明日死ぬと思って生きなさい。永遠に生きると思って学びなさい」数々の彼の言葉に強く心を動かされ、その信念にいつも共鳴している私がいます。

movies

INTERVIEW

"WHO AM I ?"

HISTORY OF YU HIRUKAWA

1986-2013

比留川游って、一体、何者……？
これまでの日々を振り返り、
胸の中にある思いを見つめながら、
自分が誰なのかを探るための
脳内探検に出かけてみました。

CHILDHOOD ［幼少期］

ちょっとやそっとのことじゃヘコたれない根性やマイペースな性格は、この頃から開花していたんだなって今になって思う。

末っ子で甘えん坊だった幼少時代

私が生まれたのは、1986年2月5日のAM10:30。生まれた時の体重は、3250g。パパとママいわく、赤ちゃんの頃は、あんまり泣かない、手のかからない子だったみたい。家族構成は、両親と、7つ上の兄の4人。両親ともに兄弟が多かったので、いとこは18人。私はその中で、一番末っ子。お兄ちゃんやいとこにいっぱい面倒を見てもらいながら育ちました。だから今でも性格は甘えん坊。2〜3歳になって物心がついた頃からもう、好きなものは好き、イヤなものはイヤ。自我が強かったみたい。

人見知りすることもほとんどなくて、誰とでもすぐに仲良くなってたらしい。ママと買い物に出かけて迷子になることもしょっちゅうだったそう。そのたびにママは「游がいない!」ってあたふたしてたらしいんだけど、当の私は、「ママとはぐれちゃったけど、いつか見つかるでしょ?」ってクールな態度で。ママが私を引き取りに血相を変えて迷子センターにかけつけたら、担当のお姉さんと楽しそうに話していたこともあったんだって。自分が勝手に離れて好きなところに行ったくせに、「ママ、なんで私の周りにいないの?」ってママのせいにしたこともあったらしい。自分勝手だよね(笑)。それから、いたずらをしてママに家から閉め出された時、外に出されたのをいいことにそのままお出かけ。閉め出されてドアの前で泣いているはずの私がいないことに気付いたママが慌てて近所を捜したら、近くの友達の家に上がりこんでお菓子を食べてたこともあったみたい。つまり、ちっちゃい頃から肝が据わってたってことだよね(笑)。三つ子の魂百までって言うけど、私のマイペースな性格は、3歳にしてすでに開花していたみたい。

優しくてちょっと天然。チャーミングなママ

私の顔のパーツはパパ似、輪郭はママ似。体型はどっちの要素も持ち合わせてるかな。性格は、どちらかというとパパに似ていると思う。ちょっと頑固なところが特に、ね(笑)。ここで、私の家族のことを紹介しようと思います。

まずはママ。ママは優しくて天然。おしゃべりが好き。私がモデルとして独り立ちして、一人暮らしを始めてからも、しょっちゅう電話をかけてきてくれる。そしていつも長電話。ママに何度か「お人好しもいい加減にしなさい」って言われたことがあるんだけど、それはこっちのセリフで、私がお人好しなんだとしたら、それはママに似たんだよ。そのくらい、優しくて情に厚い人。それから、ママはこの世で一番、私のことをきちんと見守ってくれている人でもあるの。初めて雑誌に出た時から今まで、私が出た雑誌を全部買って、私が載っているページをファイリングしてくれてる。ちょっと照れくさいけど、愛されてるんだなって思う。いつもありがとう、ママ。

短気なところはパパゆずり

次に、パパ。この本の撮影にも参加してくれて

る。P30－31で、自転車に乗っている男性こそが、何を隠そう、その人。公務員をしているパパは、娘の私が言うのもおかしな話だけど、背が高くて、ハンサム。そして、おしゃべりが大好き。私が子供の頃、一緒に出かけていたのと同じように、今でも休日はマウンテンバイクで江の島に通ってる。今でこそ温厚になったけど、昔はすごく怖かった。とにかく気が短いの。喧嘩しては、よく怒られてた。ほんと、怖かったな……。そんなパパを見て、怒るのって周りの人に気を遣わせてしまうんだということを感じました。パパの短気は、反面教師として私を成長させてくれたところでもあるんです。そんなパパが、ある日、私に教えてくれた。確かあれは、22歳の頃。「人は20歳を過ぎると嘘をつくのが上手になるから、10代の時に知り合った男性と添い遂げるのがいい。人間の本質が見える」って。突然言われてビックリしたけど、「だったら、10代のうちに教えてよ!」って(笑)!　でも、そんなふうに、ちょっととぼけているところもひっくるめて、愛おしい人なんです。

そしてパパもママも、お行儀や礼儀作法にまつわることは口をすっぱくして何度も何度も注意する人でした。「挨拶はきちんとしなさい」「ごはんを食べる時は、ごはん粒をお茶碗に一粒も残してはいけません」「お箸は正しく持ちなさい」……。私が自由奔放のように見えて、意外にそういうところはきちんとしてるのは、当時は口うるさいなぁと思っていた二人の教えのおかげです。

優しくてカッコいい、自慢のお兄ちゃん

家族紹介のラストを締めくくるのは、お兄ちゃん。お兄ちゃんは、私がモデルに興味を持つきっかけを与えてくれた人という意味でも、かなりのキーパーソン。7歳年上で、システムエンジニアの仕事をしているんだけど、学生時代はモデルとして活躍してたの。一度、ベネトンのショーに出演するお兄ちゃんをママと二人で観に。すごくカッコよかった!　歳が離れていることもあって、いつも可愛がってもらってたな。優しくて、穏やかで……ママいわく、私が赤ちゃんの頃は、「だいがゆうのこと、おんぶする!」って言って聞かなかったんだって。私が中学生の頃、友達との人間関係に悩んで部屋にこもって泣いていた時も、すぐ部屋にかけつけてくれた。仕事や人生に迷った時も、親身になって相談に乗ってくれる存在。でも、自分の意見を押し付けるようなことは絶対しないの。今は結婚して、すごく幸せな家庭を築いてる。優しくて、カッコよくて、自慢の兄です。

モーニング娘。の
オーディションを受けました

幼稚園に通うようになる頃には将来の夢もできたりして。なんと、当時の私の夢は、アイドル歌手になることでした。実家から車で5分くらいのところに住んでたおばあちゃんが、歌が大好きな人で、家にはカラオケセットがあった。その影響もあってか、いつのまにか人前でマイクを持つのが好きになっていました。おばあちゃんに教えてもらって憶えてる曲は、小柳ルミ子さんの『お久しぶりね』。渋いでしょ(笑)。かなりのおハコで、椅子の上に立って歌っていたのをよく覚えてます。

そんな私には、小学校4年生の時に、モーニング娘。のオーディションを受けた過去があるんです。おしゃれして、応募受付所に書類を出しに行ったなぁ……。結果は、書類審査であえなく落選。書類が通ったら、相川七瀬さんの『夢見る少女じゃいられない』を歌おうと思って猛練習していたのに、日の目を見ることはありませんでした。これはほとんど誰にも言っていない話。というか、自分でも忘れていた(笑)。

そんな私が、今は人前に出るのが大の苦手。モデルになってもう10年も経つのに。撮影の現場でカメラの前に立つのは大好きなんだけど、たとえばショーやイベントの仕事でお客さんの前に立

つ時なんかは本当に緊張しちゃう。ステージの上で、「面白いこと言えない、どうしよう」とか、「客席の子と目が合っちゃった!」とか思って、脚が震えることがあるくらい。感情が表に出ないタイプだからあんまり気付かれないけど、すごくドキドキしてるんですよ。意外と、小心者なの。
モー娘。にもしも入ってたら、今とは何もかも違う自分だったんだろうなぁと、思うと、人生って面白いなぁと思う。

テニス、水泳……
スポーツ少女だった小学生時代

小学生の頃は完全なスポーツ少女でした。パパがスポーツ好きで、歩けるようになってすぐの1歳の冬、苗場スキー場でスキーデビューしたくらい。早すぎでしょ(笑)。パパはとにかく私にスポーツを勧めた。小1の時、スイミングスクールにパパと一緒に見学に行って、ポロッと「私も入りたい」とこぼしたら、すぐさま入会。運動神経はよかったから、すぐに選手コースのメンバーに選ばれました。専門の種目は平泳ぎ。週に4～5回は通っていたかな。水泳のコーチはかなり厳しい人で、大会で目標にしていたタイムに届かないと、容赦なくおでこにマジックで"肉"って書かれた。練習の時は、ビート板が飛んできたことも。おかげで、同じスイミングスクールの友達との絆は深まったけど、アスリート並みの過酷な日々でした。
そして水泳がない日はテニススクールへ。ある日、パパが家に帰ってきて「テニススクールの申し込みをしてきたから」って。もちろん口答えする間もなく、そこからは、水泳のない日はテニスのレッスンで、もう学校で過ごす時間以外は、毎日朝から晩まで水泳とテニスに明け暮れてたな。
小学生時代は本当にずっとそんな感じ。練習はハードだったけど、パパがスポーツでちゃんと結果を残すと評価してくれるのが嬉しくて、必死に頑張ったんだと思う。パパに認めてもらいたいと思ってたんだよね。
でも、一度だけ、ママに「水泳もテニスももうやめたい」って泣きついたことがありました。ママはそんな私の訴えを聞いて、「今こんな中途半端なところでやめたら、この先何か嫌なことがあった時、すぐに諦めるような子になってしまうかもしれないから、ダメ!」って言ったの。よく覚えてる。その時は納得できなかったけど、今は感謝しています。目先のことだけじゃなく、長い目で私のことを考えてくれたんだなって。ちょっとやそっとのことじゃへこたれない根性は、すべてこの頃に培われたんだと思う。

中高生時代はちょっぴり多感な
時期でした

世間では青春時代と言われる中学生時代は、私にとって苦い思い出がたくさん詰まった日々。よく、友人関係に悩んでいたの。でも、あの3年間があったからこそ、何か目の前に大きな壁が立ちはだかった時、自分一人の力で乗り越えなければいけないんだ、という現実を知ることができたと思います。困難にぶち当たった時は、誰の力を借りるでもなく、自力でなんとかしなくっちゃ!　って思える強さは、その時に備わりました。
それから、これを言うと「えっ」て言う人もいるんだけど、私、嫌いな人がいないの。苦手な人が目の前に現れても、"この人はこういう人なんだな"ってそのまんま受け止める。だって、みんなそれぞれの個性があるし、どれが正しいわけでもない。考え方や価値観が違うから、一緒にいて楽しかったりする。相手のことを嫌うのではなく、違いを個性として受け入れる姿勢が大事だと思う。あと、俯瞰で物事を見る、そんな考え方も、中学時代に築かれたのかもしれない。

YOUTH ［青春期］

人間関係に悩んだ日々も思いっきりはしゃいだ学園生活も
全部"青春"。モデルへの第一歩を踏み出したのもこの頃でした。

高校時代は"青春"した！

高校に入学してからは状況が落ち着き、楽しい毎日が待っていました。私が選んだ高校は"お祭り松陽"って呼ばれてるくらい、神奈川で随一のお祭り学校。地元で神輿をかついでいたパパの影響なのか、私は大のお祭り好き。人が集まるところも大好き。だから、高校は絶対に学園祭や体育祭が盛り上がるところに行きたいと思っていたので、入学できた時は嬉しかったな。高校に入学した当初はテニス部に入ったんだけど、途中でダンス部に転部。ヒップホップ、コンテンポラリー、ジャズ……いろんなジャンルのダンスを学びました。ダンス部は、毎年学園祭でステージがあったから、その前になると準備や練習がもう大変。踊る楽曲を決めて、振り付けを考えて、部員のみんなの前で踊って、ダメ出しし合ったりして。意見が食い違ってぶつかり合うこともあったけど、今思うと、かけがえのない青春だったなって思います。

大好きな映画が教えてくれた、偽ることのつらさ

映画をたくさん観るようになったのも、高校生の頃。このフォトブックでも、映画にインスパイアされたスタイルを作っていますが、映画は本当に大好き。もちろん、レンタルショップで借りてきたりもしたけど、テレビで流れてる映画がまず好きでした。金曜ロードショーなんて毎週ほとんど観てたんじゃないかな。映画が好きな理由はいろいろあるけど、一番は、ブラウン管やスクリーンの前にいながら「こんな世界もあるんだ!」って自分が知らなかった世界を感じられるところ。「こんな気持ちになる人がいるんだ」とか、「うらやましいなぁ」とか、反対に、「こうはなりたくないな」って思ったり、私にとって映画はいろんな人の人生を疑似体験できる学びの場。映画のおかげで、引きの目線、っていうのかな、実生活でも物事をいろんな角度から見ることができるようになった気がする。今でこそ海外の映画もたくさん観るようになったけど、映画に夢中になり始めた頃は邦画ばかり観ていました。なぜ邦画かというと、私は日本人だから、同じ日本人の感覚しかわからないって思ってたの。岩井俊二監督や行定勲監督の作品が特に大好きでほとんど観た。その中でも岩井監督の『リリイ・シュシュのすべて』が一番好き。その頃好きだった邦画は今も変わらずに大好きです。

映画をたくさん観るようになってから、ひとつ、気付いたことがあるんです。それは、自分ではどうしようもない生まれつきのもの、顔とかスタイルとか性別を理由に非難されている人を目にした時に、たまらない気持ちになるということ。どんなに感動的な愛のシーンよりも、家族愛に泣けちゃうシーンよりも、私は、無条件に誰からも認められない人の葛藤を目にした時、心を揺さぶられる。「苦しいだろうな」「苦しいよね」って、涙が溢れてくる。『ヘドウィグ・アンド・アングリーインチ』っていう映画に惹かれるのもそう。同性愛の人が白い目で見られたりすることも、私は正直ちっとも納得できない。「何がいけないんだろう?」って、純粋にそう思う。その人たちにとってはそれが自然なことで、どうにもならないこと。なのに、自分を偽るべきなのか、本当の

自分をさらけ出すべきなのか悩まなくてはいけないなんて、そんなの絶対におかしい。誰もが自分らしくいられる世の中が一番いいに決まってるから。

音楽なしでは生きていけない！

音楽、大大大大大好き。音楽がない毎日なんて考えられない。それくらいいつもそばにあるものだし、好きを超えて身体の一部になってる。ロックも好きだし、ジャック・ジョンソンやジェイソン・ムラーズみたいなサーフ・ミュージックも好き。でも踊るとなったら、リアーナとか、ノリのいいヒップホップがいいかも。

だからとにかく、夏はフェスに行くのが一番の楽しみです。サマーソニックとグリーンルームフェスティバルには毎年足を運んでるし、来年はイングランドのグラストンベリー・フェスティバルにも参戦しようと、計画中。事務所に今からお休みを申請しています(笑)。青空の下でお酒を飲みながら音楽に身をゆだねる時間は、私にとって本当に贅沢。気持ちが解放されるし、心が豊かになる感じがする。
ちなみに、人生で初めて買ったCDはSMAPの『夜空ノムコウ』でした(笑)。

MODEL ［モデル駆け出し期～現在］

モデルとして、もの創りに前向きなスタンスを大事にしたい。
そして、27歳の今、女優への道も歩み始めようとしています。

16歳、サロンモデル、そしてモデルへ——

モデルになった最初のきっかけは、サロンモデルを始めたことでした。16歳のある日、原宿へ買い物に行った時、「サロンモデルになりませんか？」って、ヘアサロンの人にスカウトされて。でも当時の私は「サロンモデルって何？」って感じで全然ピンときてなかった。でも、なんとなく気になって、その日の夜にたくさんもらったサロンカードをお兄ちゃんに見せたんです。その時私がBlocを選んで、一人で行くのが不安だからと伝えて、ついてきてもらったの。それが、今でも私の髪をカットしてくれているスタイリスト、山本さんとの出会い。その日からしばらくして、サロンモデルとしてほんのちょっとだけど、雑誌に載るようになりました。初めての撮影のことは、緊張してガチガチだったことしか覚えてない。カメラマンさんの後ろから、私の緊張をほぐそうと山本さんがおどけて見せてくれるんだけど、まったく笑えなかった(笑)。それから徐々に撮影で笑顔を見せることにも慣れてきた頃、山本さんから「プロのモデルになりなよ。そしたら今よりお金いっぱいもらえるよー」と言われて(笑)。モデルをしていたお兄ちゃんの影響もあって、中学生の頃から思ってはいたけど、真剣に考えてみたのはこの時が初めて。

土屋アンナちゃんとの運命の出会い

そんな私の運命を劇的に変えてくれたのが、土屋アンナちゃんとの出会いでした。撮影があったの

で、いつも通りBlocで鏡の前に座っていたら、隣にあの土屋アンナちゃんがやってきたの。山本さんがアンナちゃんに私のことを紹介してくれたその直後に、アンナちゃんが、自分が所属している事務所の社長に電話。「今隣にすっごい可愛い子がいるから、みんなでご飯食べようよ」と言ってくれた。そして、トントン拍子でアンナちゃんの事務所に所属することが決定。高校2年生の時でした。事務所の社長はアンナちゃんのママで、私のことを実の娘みたいに可愛がってくれました。モデルになって最初の頃は、よく土屋家に泊めてもらってたし、アンナちゃんの姉のアンジェラにマネージャーをしてもらっていた時期もあったなぁ。だから、土屋家のみなさんには、とてもとても感謝しています。

アンナちゃんは私の印象では、実は照れ屋さんで芯が通っていて心がとてもキレイな人。そしてロックンロールとお酒が大好き。私がその2つが好きなのは、アンナちゃんの影響もあるのかなと思う。

駆け出しモデル時代。
そして短大へ進学

事務所に所属するプロのモデルになったからといって、いきなり仕事がくるわけでもなく、しばらくは普通の高校生。そんな中、初めて受けたオーディション。ガチガチに緊張したまま、審査員の前へ。課題は"彼との待ち合わせ"というテーマでのお芝居。モデルとしてもまだどうしていいのかよくわかってないのに、演技なんてできるはずもない!って一瞬パニックになりかかったけど、頑張って演じた。そしたら数日後、事務所から「受かったよ!」って電話が入って。嬉しい気持ちより、ビックリのほうが大きかった。何をどう評価されるかは、本当にわからないなと思った。

高校生とモデル。しばらくは二足のわらじを履いていたけど、将来モデルとして食べていけるとはまだ思ってなかった。自分には無理かもと思ってたんです。だから、やっぱり進学しておきたかった。まだやりたいことがはっきり見えていなかったんだよね。なので、モデルをしながらキャンパスに通うことを考えて、都内の短大に入学しました。高校時代に数学で2点をとった(数学って、解が1つしかないところが本当に嫌いだし、意味わかんない!)私が理系に進むはずもなく、選んだ学科は人間文化学科。宗教や人間の心理に興味があったの。"キング牧師の人生"というテーマで課題の作文を書いて、自己推薦で入学を果たしました。

短大時代は遊びに、勉強に、全力投球。短大に入学したからには女子大生らしいこともしてみたいと思い、インカレのバスケサークルにエントリーした。みんなでスノボ旅行に行ったりして楽しかったな。2年生になると、モデルの仕事が軌道に乗り始めて、仕事と学業の両立が大変になってきた。でも、入学した時から卒業だけはきちんとしておこうと心に決めていたので、1単位も落とさずに卒業したんです。友達からは、「モデルがモデルプラン通りに卒業したね(笑)」って茶化されたなぁ。週4日学校に通いながら、放課後は撮影に向かうという毎日はかなりハードだったけど、充実してた。ちなみに、私の卒業論文は『ガンジーの思想とその影響力について』。彼の生き方にかなり感銘を受けた。「なんで?」って言われるけど、私の中の平和主義と深いところで共鳴したとしか言えない。このフォトブックの中で彼になりきっちゃったくらい!

シンプルで洗練された服が好き

それからもうひとつ、おしゃれに急速に興味が湧いたのもこの頃。高校生の頃までは、おしゃれに興味はあるものの、どんなふうにしたらいいのかずっとぼんやりしていたの。でも、モデルの仕事を始めるようになってから、おしゃれを追求し始めたんです。でも、最初は全然自分に似合うスタイ

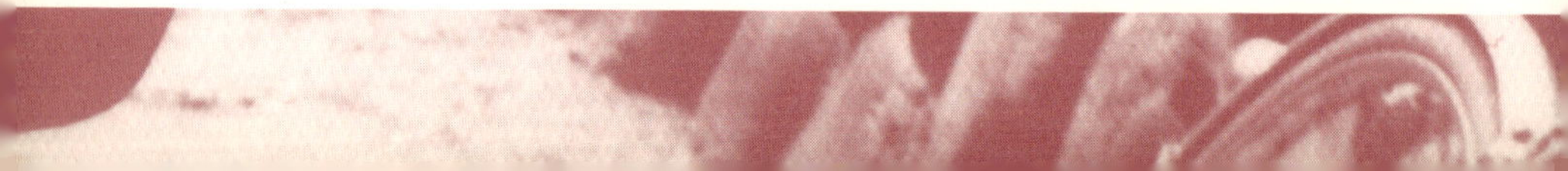

ルが見つけられなくて(笑)。高校2年生の時は土屋アンナちゃんの影響でロックっぽいコーディネートに挑戦してたけど、アンナちゃんみたいにはならない。高校3年生の時には、原宿系に挑戦してボーイフレンドデニムとかはいてみたりするんだけど、これもなんだかしっくりこない。大学生になってからはクラブに集うみんなの影響でB系ファッションにも挑戦したけど、コレも身体が華奢だから、いい感じに着こなせない。でも20歳くらいから、そうか、もう自分の落ち着くシンプルなスタイルでいいんだって思うようになった。シンプルな服といっても、気を付けてることはいくつかある。まずは何よりも自分の身体のラインに合ってること。次にあまりシワにならない、もしくは、シワになっても気にならない素材であること。色はモノトーン。ボトムスは基本、パンツ。それもある程度ストレッチのきいたもの。ワンピースはあんまり着ない。一年のうちで30日もないかな。トレンドは、少しは気にするけど、メインじゃなく小物で取り入れる程度で十分。靴は圧倒的にヒールがないものが好き。スニーカーは自分の足のサイズよりちょっとだけ大きめのものを選ぶ(そのほうがバランスが可愛いから)。ファッションへのこだわりをざっと挙げてみると、こんな感じかな。好みが一貫しているから、気になるアイテムはまとめ買いすることが多いの。好きなブランドは、ACNE、G.V.G.V.、American Apparel、OKIRAKU、3.1 Phillip Lim、OSKLEN、nanushka。シンプルだけど洗練されているデザインのアイテムが好き。色は、基本、黒が好き。というか落ち着く。考えてみると、私がシンプルな黒いコーディネートを選んでしまうのは、本当の自分と、周囲から見る自分にギャップがあるせいじゃないかと思うの。「可愛い」って言ってもらえるのは、幸せなことだし、嬉しいことなんだけど、でも「私は可愛いだけじゃない」って反発している自分がどこかにいて。可愛いって言ってもらえることが恥ずかしいっていうのもあるかな。でもとにかく、今はこのちょっとメンズライクな恰好が落ち着くんです。

「モデルにとって大切なこと」は

モデルになってから、変化したことがあります。それは、今まで以上に人と向き合うこと。中学生の頃、人間関係を難しいと思ってしまったせいか、友達付き合いに臆病になっているところがあった。女友達との付き合い方にどこか戸惑いがあったんだと思う。だからモデルになって初めて、本音でぶつかり合える友達に巡り合うことができた時は嬉しかった。その子が元気で人懐こい性格だったこともあって、友達の輪はみるみるうちに広がっていった。撮影が終わったら毎日みんなで連絡を取り合って、誰かの家に集まってお鍋をしたり、クラブに出かけたり、体力が続く限りはしゃいで、遊んで。それがすっごく楽しくて。その子とは、たまに意見が食い違って喧嘩になることもあったけど、でもそんな時はお互いの気持ちを言い合って仲直りした。人と向き合うこと、素直になることの大切さを教えてくれたのは彼女だった。今は、全部がいい思い出。
とは言え、モデルになって最初の頃は仕事がそんなにあるわけじゃなくて、『JUNIE』や『Soup.』にちょっと出してもらうくらいでした。1ヵ月に1〜2回しか撮影のない状況では、いきなりポージングができるわけもなく、自分が力不足なことが悔しかった。そんな時、アンナちゃんの現場に連れていってもらうようになって、アンナちゃんの仕事に対する姿勢を見てて思ったの。「モデルにとって大切なのは、鏡の前でポージングを練習することじゃない。その現場で自分に何を求められているのかを察して、表現することなんだ」って。そのあたりから、どういう気持ちで撮影に挑めばいいのか摑めてきたの。自分をキレイに良く見せるということ以上に、相手の求めている期待をいかに上回り、その場でいい意味で裏切れるか。そこに焦点を絞って、撮影の現場に臨むようになった気がす

る。それは、デビューして10年経った今でも変わらず心にとめていること。

モデルとして大ブレイク！ そしてリセット ——

モデルとしての風向きが変わったのは、短大1年生の時、『mina』の専属モデルオーディションに合格したことでした。事務所の方針で専属モデルになることはなかったんだけど、今までストリート誌しか経験してこなかった私を毎月たくさん誌面に出してくれたり、"比留川游"の名前を立てた企画をくれた。スタッフのみんなにもすごく愛情を持って育ててもらったと思う。すべてが新鮮で、撮影現場はいつも楽しくて仕方なかった。この頃からいろんな媒体に声をかけてもらえるようにもなりました。

その後、21～23歳の3年間はもう、今思い出しても目が回るほど働いていた記憶しかないです。多い時は、一日8本、撮影をこなしていました。クレイジーだよね（笑）。そんな生活が3年も続いた頃には、何ていうか、心の糸がプツンと切れた状態になってしまい、23歳のある日突然、ハワイ留学を決意したんです。時間に追われる毎日の中で心が削れてしまっていたし、自分が知らない誰かが自分のことを一方的に知っているという状況に、違和感もあった。いろんな雑誌に出て、表紙になって、モデルとして"売れた"という意味では喜ぶべきことだと頭で理解しつつも、気持ちがついていかなかった。いろんなことを一回リセットしたくなったんです。仕事を長期間休むと、戻ってきて再開したいと思った時、今までのようには仕事がこなくなるかもしれないよ、と心配してくれた人もいたけど、その時の私はもう「今いるここから抜け出したい」「アウトプットだけではなく何かを吸収して成長したい」という気持ちが強くて、そんなことちっとも気にならなかった。今思えばなんの根拠もないんだけど、漠然と1年くらい休業しても仕事はあるって、不思議な自負があったんです。だから、思い切ってマウイ島に渡ることを決めました。慌ただしかった日本での日々から一変。マウイ島では、語学学校に行って、サーフィンして、飲みに行って。日本の友達とスカイプして。人間らしい、ゆったりとした毎日を本当に久しぶりに過ごすことができた。硬直してた気持ちも、自然とほぐれていった。心にエネルギーをチャージして、2ヵ月後、帰国しました。たった2ヵ月だったけど、本当に大切な2ヵ月だった。いろんな意味でリフレッシュして、モデルとして新たな気持ちで再出発を切ることができたのは、本当にあの2ヵ月のおかげ。ハワイに行く前に「自分なんてつまんない」って思ってた究極にネガティブな気持ちがスッと消えて、日本に戻ってからはそんなマイナス思考になることもなくなった。自分を現場に呼んでくれるっていう周囲への感謝の気持ちが、自然と湧き起こるようになったんです。撮影自体も、自分が関わることで、よりいいものを創り出せるんじゃないかっていう前向きな気持ちにもなれました。

奥手だった恋 —— 芯の強い男性に惹かれます

初恋は、ちゃんと覚えてます。幼稚園のお泊まり保育の時。20代前半くらいの園長先生の息子さんのことを「わぁ、かっこいい♡」と思ってドキドキしてた。それから小学校の時に、自分も気になっている男のコから「付き合ってください」って告白されたんだけど、いまいち付き合うということの意味がわからなかった私は「どうしたらいいのかわからないから、付き合えない」と断った。その後中学生になって"彼氏"と呼べる人ができたけど、この頃になっても付き合うってことがよくわからなくて、学校から一緒に帰ること以外、何をしていいのかわからなかった。

そんな私が、初めて男のコとちゃんと付き合ったのは、高校3年生の時。相手はバスケ部のキャ

プテン。告白してもらえた時はすごく嬉しかったな。高校卒業後、徐々に二人の関係に隙間ができてしまって。結局は私のほうから別れを切り出したけど。
惹かれがちなのは芯の強い人。人と違っていても、ある種の天才肌で、堂々とした人。私が気を遣ってしまいがちだから、そうじゃない人に惹かれるのもあるかも。価値観や趣味の相違はもちろん違う人間だからある。でも、どこかコアになるところが一つでも交わっていれば、好きになれる。そして、恋愛に対していつも全力でぶつかっていく性格だから、好きな人ができたら、アプローチします。待ってるだけじゃだめだと思う。そして洋服とかは、自分のできる範囲で"カレ色"に染まってみたりする。好きな彼がガーリーな恰好が好きな人だったら、自分のワードローブの中で一番女のコらしいワンピース着てみるとかね。といっても、基本、シンプルなアイテムしか持っていないから、普通に見たらマイナーチェンジにすぎないかもしれないけど。でも私の中で精一杯、彼が気に入ってくれそうなコーディネートを心がけるし、それで彼がちょっとでも喜んでくれたら嬉しい。褒めてもらえたら「やった♡」って思う。
彼ができると、いつも感じるのは、お互いの人生を共有しているっていうこと。友達には、強がって見せられないような自分の弱い部分も彼には見せてる気がする。仕事の話、家族の話、自分のコンプレックス、すべてをさらけ出しているのかも。その分、意見が合わなくてぶつかり合うこともあるけれど、そのたびに自分のダメなところや本質を知れたりする。それって、すごく大変だし、辛いことでもあるけど、ありがたいこと。人への思いやりの気持ちはもちろん、仕事をするうえで受け身でばかりいちゃだめだっていう新しい視点や、モデルとしてのプライドを持つことの大切さは、付き合ってきた彼が教えてくれたことだったと思う。恋愛はいつも私を成長させてくれる、パワーの源。

27歳の私が思う、これからのこと。

27歳。モデルになって10年目を迎えた今、何か新しいことに挑戦してみたいという気持ちが湧いてきている。この本を出すこともそう。あんまり自分をさらけ出したくなくて、本当の自分を知られるのが怖くて、本はおろかブログもやってこなかったけど、一度こうしてきちんと自分のことを本にまとめていただけるというチャンスがあるならそれもいいな、って。
そして今後はモデルだけじゃなく女優の仕事にも挑戦してみたいと思っています。といっても演技に関してはわからないことだらけ。この歳にして、演技レッスンやボイストレーニングに通い始めました。まだまだ手さぐり状態だけど、求められていることに対して、自分の身体を使って人前で表現するという意味ではモデルの仕事の延長線上にあるような気もしていて。目指したいのは、どの役にも染まるようないい意味で色のない女優さん。岩井俊二監督や行定勲監督の創り出す世界観が大好きだから、いつか表現者としてそこに入り込みたい。スクリーンに登場できる日を夢見て、何かを演じるうえで大切なありとあらゆることを吸収していきたい。あとは、自分のペースで好きなことをしていけたら、最高に幸せなんじゃないかなって思う。
そしてその先、いつかは結婚だってしたいし、できたら子供は2人以上欲しい。海の近くに、庭付きの一戸建ても買いたい。仕事もプライベートも、今は自分が欲しいものを諦めたくない。これまで回り道したり、迷ったりしてきた分、もう少し欲張りに生きていこうって、今はそんなふうに考えています。

MOTTO ［座右の銘］

意志あるところに
道あり

WHERE THERE'S WILL,
THERE'S A WAY.

ROOTS ［比留川游のルーツ］

江の島・鎌倉に来ると自分を解放できる。
ルーツを感じ、一人の女の子に戻れる、大切な場所

今回、初めてのフォトブックを制作するにあたって、せっかくだからロケをする場所を意味のない場所にしたくなかったんです。それで、まず真っ先に頭に浮かんだロケ地が、江の島と鎌倉でした。同じ神奈川県とはいえ実家からはわりと距離があるんですが、ここに来ると「地元に帰ってきた!」って感じがする。モデルの比留川游じゃなくて、比留川游という一人の女の子に戻れる、そんな場所なのかもしれない。
江の島も鎌倉も、パパとよくサイクリングで遊びにきた場所。それも、自転車にまだ補助輪がついていた頃から。ちっちゃい足で必死にペダルを踏んで、2時間もかけて。パパの速さに追いつこうと、自転車を漕ぐのは、結構大変なことでした。
道中、パパは必ず、駄菓子屋さんで休憩をとってくれた。子供の私には結構ハードな道程だったけど、自転車を漕ぎ続けて海岸線が目の前に開けたときの感動はひとしおだったな。海岸線も水面も、一層キラキラ輝いて目に飛び込んできたものでした。

江の島ではコロッケやサザエを食べたり、街並みや神社を見てまわったり。鎌倉では、パパが話してくれる鎌倉の歴史の話を聞きながら、小町通りを歩いたり。長谷の大仏様を拝んだりして過ごすこともあったっけ。そういえば一度、自転車に乗ったまま思いきり転んで、島の中に住んでいる叔母に、赤チンを塗ってもらったこともあった。思えばあれが、赤チン初体験だったかも(笑)。
パパは、一緒にいる間中(自転車を漕いでいる間も!)いろんなことを話してくれるの。特に、歴史の話になるとヒートアップ。どこまでもマイペースな私は、その大半を聞き流していたりするんだけど……(笑)。
我ながらけっこう忍耐強いのも、お寺や仏様を目の前にすると不思議と気持ちが落ち着くのも、パパと江の島・鎌倉に通ったあの日々があったからかもしれない。当時といまの自分を照らし合わせてみて、そんなふうに思います。

my standard chic

私の定番

普段、洋服を着こなすうえで大切にしているのは、シンプルで洗練されたスタイルを作ること。飾り気よりも素材の質や着心地、シルエットの美しさを重視。トレンドを追いかけることより、お気に入りのワードローブを着まわしていくのが、私のおしゃれの基本。

黒で覆われていると、落ち着くの。
全身黒のトータルコーディネートも多いくらい。
黒ライダースジャケットだって、
夏以外いつでも着てる超定番。

impact sweat
×
colorful
short pants

・sweat. short pants
used
・hairband
American Apparel

アメリカ西海岸の大学生をイメージした、
"スケボーもできるし、木にも登れる"スタイル。
アメアパのヘアバンドで
まとめるラフでタイトなヘアも好き。

Tシャツ×デニムは、究極のベーシックスタイル。
シンプルなこのコーデをずっとカッコよく着こなせる自分でありたい。
ボディラインのバロメーターにもなってるから。

シンプルで大人っぽいワンピースが大好き。
メンズライクなミリタリージャケットを合わせてちょっと辛口に。
ワンピースを着るのは、365日のうちの30日くらいだけ。

大好きなボルドー色のパンツにショートトップスを
合わせた“おなか見せ”スタイル。
時には街ですれ違う人を、ドキッとさせてみたくなる。

YU'S VIEWPOINT

instagram

— I♥インスタグラム —

iPhoneの写真アプリ"instagram"は、
感動したこと、インスピレーションを感じたこと、
一生、心に刻んでおきたい思い出たちを
心のまま切り取っておくために愛すべき存在なの。
中でもお気に入りのカットを披露します。

1.良い子はマネしちゃ、ダメだそうです。 2.今年も宜しくお願いします(´▽`)ノ 3.とっても幸せな一日。ありがとうございました♡ 4.(with no comment) 5.Helicopter. 6.I LOVE VENICE!!!! 7.やっぱり地元は最高。 8.Licky Powell 9.お勉強。 10.おデコの真ん中、蚊に刺されたの。 11.オセロ。 12.晴れた。 13.Lanikai. 14.Blue Tail♡♡♡ 15.寂しさの先に何があるのかな♪♪ 16.MUSE!!!!!! 17.んっ?????? 18.I wanna go BEACH!!!!!! 19.バナナの新しい使い方。 20.これからMAROON 5観る! 21.テクテク。

22.早く着いた。 23.パンダ♡ 24.Arctic MonkeysのLIVEに行きたい。 25.Panda♡ 26.おやすみなさい。 27.ケロケロ。 28.Handshake. I love this♡ 29.がまぐちBag可愛いなぁ。 30.♡ 31.NYLON見ながら帰ろ。 32.big wasabeef.I love this one. 33.♡ 34.(with no comment) 35.Jason Mraz 36.sunset 37.日焼け止め!!w 38.MAROON 5♪♪ 39.A HAPPY NEW YEAR 2013!! 40.I'm sleeping with smile☆ 41.ホッピー♡ 42.CAPITAL CITIES 43.SHODO 44.♡ 45.ホラー。 46.SPUN。 47.Nice couple♡ 48.花火。

49.Marilyn Monroe♡　50.どっか行きたいなぁ〜　51.MUSE　52.教えて、ガンジー。　53.渋滞にハマる。　54.BEAUTIFUL SKY　55.www　56.LOVE.　57.実家に帰ってきたら、バナナが並べられていた。房から腐るから離しておいた方がいいらしい。w　58.(with no comment)　59.(with no comment)　60.Aquarium.

talk to body

Original rules of bodymake

目で見て、手で触れて、その時の自分を肌で感じて。
しなやかなボディラインをキープするために大切なのは、ボディとの対話。
そして、その中から理想のスタイルでいるための術を見出すこと。

no.1

一日の はじまりは白湯《さゆ》

冷たいお水は苦手だし、カラダを冷やしてしまうから、代謝を良くするためにもこまめに白湯を飲む。毎朝、最初に口にするのも白湯。

no.2

ボディチェックは 日課

鏡の前でボディラインをチェック。チェックポイントは二の腕、おなか、腰まわり、お尻、太もも。お風呂上がりにマッサージしながら、見るだけでなく、手で触って、日々の変化を確認することも大切。

no.3

お肌に潤いを

モチモチの肌でいるために、一番大事なのはとにかく保湿。夜、お風呂から上がったらボディクリームをたっぷり全身に塗る。朝起きたときにしっとり感が残っていないとイヤ。長年愛用しているのは、THE BODY SHOPのボディバター。オリーブ、シアの香りが好き♡

no.4

ダイエットミール

朝はヨーグルトとフルーツ、夜は手作りのサラダ。生の酵素は肌の質感を保つためにも、ボディメイクのためにも、欠かさない。ダイエットしたいときは、食事は徹底的にシンプルに。

no.5

肉食女子

お肉の中では、ラム肉が一番好き。クセのある味がたまらないし、カロリー少ないし、脂肪が吸収されにくいんだって。いいこと尽くし。

no.6

アイラブお酒♡

お酒は大好きだし、ストレス解消にもなる。レモンサワー、緑茶ハイ、梅干しサワー、ワインなど、カロリーの低いものが理想的。お酒を飲むときは、炭水化物は食べない。おつまみは、オリーブ、枝豆、漬物がベストかな。

no.7

運動しよう

体調や気分に合わせてメニューを変える。下半身が気になるときはランニング、全身のバランスが気になるときはジムで泳ぐ。気分転換の場所でもあるの。

no.8

のんびりバスタイム

時間があるときは、30分半身浴。お湯の温度はちょっと高めで42～43℃。半身浴中は、huluで映画を観る。お気に入りの入浴剤はSHIGETAのRose Dive。疲れている日は、浄化の意味も込めて粗塩をたっぷり。

no.9

デトックス

週1回、溶岩浴ヨガで汗をたっぷりかく。日頃溜まった毒素を出す。どんなに忙しいときでも、これだけは。心もカラダもリフレッシュする時間は大切。

no.10

冷えは大敵！

代謝の良いカラダをキープするために、日々できること。家では5本指ソックスか、ナチュラルハウスの4枚重ねソックス、夏でも腹巻き。とにかく、カラダを冷やさないこと!!

no.11

理想のボディ

程よい肉付き、メリハリのあるＳ字ライン。お尻はちょっと大きいほうが好き♡（ジェシカ・アルバとかね）理想のイメージを持つのは大切。

no.12

無理はしない

ストレスを溜めないためにも、適度に自分を甘やかす。食べたいものは食べる。間食だってする。あとは、翌日の自分に押し付ける。これが、48時間ルール（笑）。

YU'S SKINCARE METHOD

— ベイビースキンのつくりかた —

キメの細かさと透明感に思わず、うっとり。
誰もが羨む“Top of すっぴん”を育む、
游のスキンケアの秘密をクローズアップ。
お気に入りのアイテムとともにご紹介します。

RECIPE : 1

MAKE OFF & FACEWASH

{ きちんと丁寧に落とす。保湿力と洗浄力を
兼ね備えたアイテムたちで }

FACE WASH

肌をいたわりながら洗えるオーガニックがLOVE♡顔を洗うときに肌をこすって刺激を与えることがないよう、泡立ちのいいタイプやなめらかな使い心地のものを選ぶのがルール。

(FROM RIGHT)JOHN MASTERS ORGANICS ROSE FOAMING FACE WASH 118ML ¥3,675／STYLA FACE WASH CREAM 50ML ¥2,520／DR.HAUSCHKA

POINT MAKEUP REMOVER

コットンに浸して目もとに当てるだけでアイメイクをスルリとオフ。肌に優しくメイクを効果的に落とせる油性と水性の2層式のポイントメイクアップリムーバーを愛用。

BI-FACIL 125ML ¥4,725／LANCÔME

CLEANSING

クレンジングは保湿力の高いミルクタイプがお気に入り。植物の恵みがぎっしりと詰まったアイテムを肌になじませてメイクを浮かせ、肌に負担をかけないようオフします。

(FROM RIGHT) CLEANSING MILK 145ML ¥4,200／DR. HAUSCHKA JOHN MASTERS ORGANICS LINDEN BLOSSOM FACECREAM CLEANSER 118ML ¥4,200／STYLA

HOW TO

YU'S FACE WASH

{ ベイビースキンへといざなう
オリジナル洗顔レシピ、公開します }

初めて洗顔料を使ったときから27歳になる今まで、毎日かかさずしてきた、泡洗顔。年齢を重ねてもすっぴんに自信が持てるのは、この洗顔のおかげが大きいかも。ちなみに、泡洗顔をするのは夜だけ。朝はシンプルに水洗いだけですませます。洗いすぎは、肌の乾燥につながるから。

I

Like A Meringue

Mocomoco

II

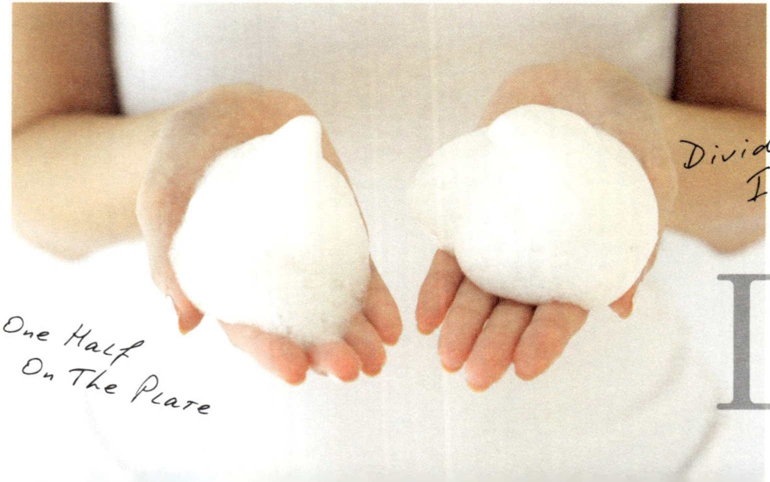

Divide In Two

Put One Half On The Plate

III
Do Not Touch Your Skin
Wash Gently...

IV
Wash With Lukewarm Water
Wipe Gently With A Towel

Ⅰ：固いメレンゲ状になるまで根気よく泡立てる。

Ⅱ：泡を2つに分ける。1つはお皿で待機。

Ⅲ：泡のクッションでふかふか洗う。
2つの泡を使って、2回繰り返して。

Ⅳ：ぬるま湯で洗い流す。
2回洗い終わったら、タオルでポンポン。
ゴシゴシこすらずに、そっと水気をとって。

RECIPE : 2

MOISTURIZER

{ 潤して、とじこめる。
肌に優しいアイテムで…… }

洗顔後は化粧水でたっぷり水分を与えたあと、クリームで潤いにフタをします。日差しをたくさん浴びた日は、化粧水のあとビタミンC入りの美容液を足したり、肌が疲れている日はクリームのあとにオイルをうすく広げたり。その日の肌のコンディションと向き合い、そのときに肌が必要としているものを補給してあげるように心がけています。

LOTION
Nature's Blessing!

1

CREAM

4

Keeping Moist Is Essential

SERUM
Vitamin C is Multipurpose

2 3

5

LIP BALM
What I Always Carry With Me

OIL
Use Accordingly Depending On Skin Condition

赤ちゃんでも使えるくらい、肌に優しい自然派のものを
ハンドプレスでじっくり浸透させて、しっかり水分補給。

1.(FROM RIGHT)JOHN MASTERS ORGANICS LAVENDER HYDRATING MIST 59ML ¥3,360／STYLA HYDRATING MIST TONER 100ML ¥3,360／TRILOGY FACE CONDITIONER 100ML ¥4,200／DR.HAUSCHKA

肌に疲れが浮かんだ日は、化粧水とクリームの間に
ビタミンC配合の美容液をはさんで、状態をリセット。

2.JOHN MASTERS ORGANICS VITAMIN C ANTI-AGING SERUM 30ML ¥7,560／STYLA

いつでも持ち歩き、こまめに塗り直すリップバーム。
保湿力が高く、潤いが続くキールズがお気に入り。

3.KIEHL'S LIP BALM No.1 ORIGINAL 14G ¥945／KIEHL'S SINCE 1851

スキンケアのラストは保湿クリーム。
化粧水と美容液で送り込んだ水分の蒸発をブロック。

4.(FROM RIGHT)KIEHL'S CREAM UFC 49G ¥3,990／KIEHL'S SINCE 1851 WELEDA WILD ROSE NIGHT CREAM 30ML ¥3,990 DAY CREAM 30ML ¥3,780 MOISTURE CREAM 30ML ¥3,570／WELEDA JAPAN

化粧水の浸透力や肌のバリア機能を高めてくれる
オイルは、肌のコンディションを保つためのお守り。

5.(FROM RIGHT)ROSEHIP OIL 20ML ¥3,990／TRILOGY KIEHL'S MIDNIGHT BOTANICAL CONCENTRATE 30ML ¥6,300／KIEHL'S SINCE 1851 YON-KA SERUM 15ML ¥7,980／YON-KA

<問い合わせ先> KIEHL'S／KIEHL'S SINCE 1851☎03-6911-8562 JOHN MASTERS ORGANICS／STYLA☎0120-207-217 LANCÔME☎03-6911-8151 TRILOGY／COSMETICA PACIFIC RIM☎03-5484-3483 DR.HAUSCHKA／グッドホープ総研☎03-5740-6431 WELEDA／WELEDA JAPAN☎0120-070-601 YON-KA 03-6447-1187

HOW TO BE A LADY

MIDNIGHT GIRLS TALKING

— 友人であり尊敬するRie fuと —

性格も生き方もたたずまいも、すべてが私の憧れ。
アーティストとして活躍するRie fuちゃんと、たくさん語り合い、
彼女への想いを募らせました。

ベッタリじゃないけど、心は隣同士。
マイペースでいられる居心地のいい関係。

Rie fu（以下R）：今日は、こんな貴重な機会に声をかけてくれて、ありがとう。

YU（以下Y）：こちらこそ、忙しいのに貴重な時間を割いてくれて、どうもありがとう。

R：記念すべき、游ちゃん初のフォトブックに登場させてもらえるということで、今日、ここに来る前に、游ちゃんについてちゃんと予習してこようと思ったの。それで、ウィキペディアを検索してみたんだけど……全然情報がなくてびっくりしちゃった。「幼虫が苦手」っていうことしかわからなかった（笑）。でね、そのあまりに情報量がないページをながめていたら、游ちゃんて、いい意味で自己主張がないなあと思って。モデルとしてこんなにも活躍しているのに、前に出ようとする姿勢がないっていうか、あんまり欲張りじゃないというか……。そんなところに、また惹かれてしまいました。

Y：ありがとう。裏方気質なの、私。

R：それ、ちょっとわかるかもしれない。

Y：そうだよね。

R：游ちゃんと初めて会ったのは、共通の知り合いの家で開かれた、お鍋パーティーのときだったよね。

Y：そう、そう。初めて言葉を交わすとき、「わあ、アーティストさんだ!」って思って、ちょっと緊張したのを覚えてる。いろんなことを話してみたいけど、「プライベートな話にどこまで切り込んでいいの!?」って、頭の中でぐるぐる考えてた。

R：そうなの?　実は、私も初対面のとき、ものすごく緊張してたの。游ちゃんに会うまで本物のモデルさんに会ったことがなかったから「うわー、モデルさんだ。顔がちいちゃくてキレイだな……」って。

Y：二人して、同じようなことを感じてたんだね。

R：ほんと。でも、そうやって構えてたわりに、実際に游ちゃんと話してみたら、びっくりするくらい自然体な人で。考え方が男前だったりして、惚れ惚れしちゃった。すごく親近感が持てたし、キレイな見た目とのギャップがなんだかうれしかったな。

Rie fuちゃんの視点はいつも独特で興味深い

Y：私は、内容は忘れちゃったけど「こんなことがあったんだよね〜」って何か近況を話したら、Rie fuちゃんに「それはこうなんじゃない?」ってバッサリと切られて。それがなんだか、おもしろくて、大好きになった。そこで緊張が一気にほぐれた気がする。Rie fuちゃんの視点て、いつも独特ですごく興味深いんだよね。

R：そうかな。普通だと思うけど……。

Y：最近は、何にハマってるの?

R：最近は、工事現場に心惹かれているかな……。

Y：やっぱりおもしろい。工事現場って、クレーンやブルドーザーが動いてる、あの工事現場のことでしょ?

R：そう。道を歩いてて、工事現場に遭遇すると、なんだか興奮するの。何かが作られていく姿や、過程、進化していく様に、魅せられてしまうんだよね。それで、工事現場の画を何枚も描いたりしてるの。モノづくりの過程もそうだけど、何の変哲もないものをデフォルメしてロマンを感じてしまうところがあって。どうしても、目が離せないんだよね。

Y：今まで、工事現場をそういう切り口でとらえたことがなかった。当たり前の毎日も、Rie fuちゃんの視点を通すだけでドラマティックにうつるから不思議。

R：そんなに大それたものじゃないけど……ちょっとうれしい。游ちゃんは、私をありのままのテンションで受け止めてくれるから、すごく居心地がいいよ。

Y：それは、私も同じ。Rie fuちゃんと一緒にいるとすごく落ち着くんだよね。二人ともマイペースで、友達に対する価値観が似ているからかな。自分のダメなところもひっくるめて認めてくれる人が何人かいてくれたら、それが一番幸せだって思ってるところとか。

R：そうかもしれないね。

Y：私達、普段はベッタリじゃないのに、たまに顔を合わせると、ディープな話になるよね。ここではとてもオープンにできないような。私、Rie fuちゃんといると

お互いを尊重して高め合っていける恋愛が理想

お酒が進んじゃうの。記憶をなくしたこともあるし。

R：私も、游ちゃんとお食事に行くとついワインが進んじゃう。それで酔いがまわってくると、目がどんどんかすんじゃうの。そのうち、ただでさえ小さい游ちゃんの顔がどんどん見えなくなってきちゃう……可愛いから、見失いたくないのに。

Y：見失わないで～（笑）!

R：今日は、まだ大丈夫（笑）。

R：それはそうと、游ちゃん。最近は、恋してる?

Y：うーん……今はちょっと休憩中。Rie fuちゃんは?

R：私は最近、恋愛に対する価値観が変わってきたの。ちょっと前までは、恋愛を独立したものとしてとらえていて。恋愛って、運命を感じた人との1対1の関係性のことだと思っていたんだけど、最近は、身の回りにある大切な人間関係のうちのひとつなんじゃないかと思うようになったのね。家族や友達と同じくらい近くにあって、大切なもの。だから、彼と合わないところや、彼に対してイヤだと思うところがあったとしても、できるだけ寄り添ってみるべきなんじゃないかなって。お花の苗に水をあげて慈しむように、大切に育てていけば、いつか大きくてキレイな花を咲かせてくれるんじゃないかって考えるようになって。

Y：うん。きっとそうだよね。次に付き合う彼とは、そんなふうに、お互いを尊重して高め合っていけるような関係を築けたらいいなって、このところずっと考えてた。これまで少し不安定な恋愛を経験してきたせいもあるのかもしれないけど。

R：ときには雨が降ったり、強風で茎が折れそうになることもきっとあるけど、そういうところも乗り越えて、キレイな花を咲かせられたらいいよね。

Y：うん。それにしても大好きなRie fuちゃんとこんなふうに対談ができて、幸せだな。

R：私もだよ。ありがとう。

Y：アーティストとして音楽や画で自分を表現しているところも、海外に留学した経験も、仕事でもプライベートでも自然体なところも、すごくステキで、憧れちゃう。私は、モデルとして誰かがこうしたいって思うものを表現することはできても、Rie fuちゃんみたいに何かをゼロから生み出すことは苦手だから。

R：でも、私が音楽や画で表現していることは、コンプレックスと表裏一体だったりもするんだけどね。

Y：そうなの?

R：私が音楽を始めたのは、本当にひょんなことがきっかけなの。ちょっとおかしいんだけど、ある日、画を描いていたらいき詰まっちゃって、弟が持ってたギターを借りてみたのね。そのときはギターなんて弾けるはずもなかったんだけど、がむしゃらにかきならして。そしたら、一気に30曲も新曲ができたの。自分でもびっくりしたな。たしか、17歳くらいのとき。

Y：そんなことってあるんだ。

R：うん。私、物静かでしょ。その上、マイペースだから、周りの人から変わり者だと思われることが多かったんだよね。それが、コンプレックスだったの。自分でも気づいていなかったんだけど、心の中にずっと吐き出したいのに吐き出せない思いがあったんだよね、きっと。それが弟のギターを通して、意外なタイミングでアウトプットされたんだと思う。そして、そこからは、いろんな思いをメロディにのせて伝えること、つまり、音楽が私にとって、コミュニケーションそのものになったの。私の歌声を望んでくれている人が一人でもいる限り、曲を生み出して、歌い続けなきゃいけな

いって思いながら、日々、創作活動を続けてる。

Y：そっか。Rie fuちゃんの歌声があんなにもエネルギーに満ち溢れていて、心に響くのは、そんな思いが込められているからなんだね。私もそんなふうに、芯の強い、しなやかな女性を目指したいな。

R：そんなふうに言ってくれて、ありがとう。私から見たら、游ちゃんこそキラキラ輝いてるよ。だって、モデルの仕事って毎日違う現場で自分に何が求められているかを見据えて、表現で応えているわけでしょ？ すごいことだよ。プロだな、カッコイイなって思う！

Y：ありがと。誰かがこうしたいっていう思いに応えられるよういつも努力してるからうれしいな。今だから打ち明けるけど、私、子供の頃歌手になるのが夢だったんだ。だから、余計にステージで歌っている

Rie fuちゃんがまぶしくうつるのかも。

R：そうなの？　だったら、今からでも歌えばいいのに。私で良ければ、游ちゃんのために曲を書くよ。

Y：ほんとに？　うれしい。Rie fuちゃんが書いてくれるなら、歌ってみたい！

R：近い将来、実現しなくっちゃ。

Y：最後に、思いがけない約束をどうもありがとう。いつかのその日を楽しみにしてるね。

Rie fu

1985年、東京都生まれ。シンガーソングライター、画家として、"時代を超えて受け継がれる音楽"を目標に活動。自身の音楽活動のルーツとも言えるカレン・カーペンターに捧げたアルバム「Rie fu Sings the Carpenters」をはじめ、CDを多数リリース。名前は、「本名であるフナコシリエをリエフナコシにひっくり返し、名前と、苗字の頭文字だけ残して完成。游ちゃんだったら"Yu hi"ちゃんです♪」(byRie fu)

HP　http://www.riefu.com/

「二人のゆうちゃん」と題して、モデルのお仕事をしている姿と、それを客観的に見ている姿、ゆうちゃんの『状況や物事を自分から切り離して分析してみる』という、対談で出たお話をもとに描きました。いつも黒や白の服を着ている印象のゆうちゃん。だけど頭の中には、沢山の鮮やかな色がうずまいているんだろうなぁ、というイメージで思いっきりカラフルにしました。これからも、ゆうちゃんのカラフルな素顔を見られることを楽しみにしています☆

Rie fu

FRIENDS

ヒルカワ ユウ本
コングラッチュ !!!!! いええええええい !!!
こらやぁぜったい かわいい本 だなぁ (縦す)
これからも あそびまくろぉね !!! LOVE !!!
iKUMi

1th PHOTO BOOK

おめでとう
NATURAL
HEALTHFUL
and
Sweet な YOU ちゃん
LOVE
MAi OZAWA

游ちゃんの
ぜーんぶ
大好き
伊藤信子

ゆうちゃん!
おめでとう!
好きだぜ!
やんばる
くいな
Saya 市川紗椰

比留川さんへ
撮影お疲れ様でした。
とても長い撮影でしたね。
ヘアメイクとして参加させてもらって
いつもの比留川さんとは違った
一面が引き出せていたら
嬉しいです。
今回は大切な撮影に誘って
頂いてありがとう。
河村慎也

Yuのオデコとクチビルとオシリと
呑みっぷりが好きよ。
KUMAGAi NAOKO

多くは語らないけれど
意外とRockなユウちゃん。
これからも
いろいろな事にチャレンジして
輝く女性になってください!
エカワ永子

游ちゃん♡
フォトブック出版オメデト〜!!!
どんどんステキな女性になっていく
游ちゃん。大好きよ〜♡
これからもヨロシクねっ!!!
清水尚子

初めてお会いしたのは、ビューティの仕事でしょうか?!
第一印象は、マシュマロみたいで毛穴がない肌!!!! えっすごい!!!!
でした!! 最近は、ストイックに体づくりにも励んでいて、ますます目が
離せない游ちゃん!! 一か所にとどまらずに成長、進化しつづける
比留川游をファンの1人として見守り続けたいと思います!!!!
K. mikako

MESSAGE.

游ちゃん、ファーストフォトブック完成おめでとう！
ひっきりなしに逢う、という2人ではないけれど、
何時逢っても距離を感じないほど、楽チンです。
不思議だなぁ〜といつも思う。
さっぱり！というか さくっと！というか、そんな游の
温度はとても心地良くて、大好きです。
これからも、素敵な游でいてね！
そしてこれからも、よろしくね。

鈴木 杏

游 ファーストフォトブック発売おめでとう!!
ピュアで笑顔がステキな游の魅力がたーっぷり
つまった一冊だと思います♡
この本が発売されて I'm sooo Happy!!
これからも よろしくね😊

Bonby♡

Dear Yu♡chan
初めてゆうちゃんを見た瞬間
なんてかわいいのだろうと思い
ました。皆から愛され、
愛に溢れた女性になってネ!!
そして、またその愛を多くの
人達にあげて下さい♡。
LOVE Anna Tsuchiya

ゆうへ♡
比留川游 1st PHOTO BOOKの発売おめでとう♡
うれしいね!!#
ずっとステキな友達でいてくれてありがとう！
今まで一緒に沢山の思い出を作ってきたね LOL
いつまでも素直な心やさしい游でいてね♡
心から大好きだよ😊
今回あんまり書けない漢字
頑張って書いたよ〜（笑）
LOVE YOU ♡

湊ジュリアナ

ゆうちゃんへ

十代の半ばから見ていて
驚かされてばかりです。

モデルとしての成長。
大人としての成長。

全てが進化し続ける方なんだと。
これからも一人のファンとして
応援しています。

BLOC 山本より

Dear You-chan

游ちゃんが16才の時からAMAのモデルとして
11年間楽しい時間を過して来ましたネ。
これから長い間、モデルとして、又、一人の女性として
素敵な人生を過して下さい。

Love Mayumi

女性らしくて素敵な游ちゃんと
良い意味での、
オッサン精神を持つ游ちゃん。
どっちもスキダ〜〜〜〜!!

灰田文子

Yuちゃん♡
楽しかったね。また撮影しよう!!
MOTOHIKO MASUI

※五十音順

比留川游フォトブックどうでしたか？
27才の等身大の私が詰まった本です。
私は自分が何者なのか、まだ掴めてません。
でも、そんなこと一生掴めないのかもしれない。
矛盾のある面倒くさい人間だと思います。
そんな私を愛してくれる、家族、友人、
スタッフの方々、応援してくれるみんなを
通して、自分を見つけていきたい。
そして、そんな方々を大事に、
笑顔にしていけたらと思っています。

小さい頃から大好きだった「ウォーリーをさがせ!」。
この本の中には、このページを入れて3カ所、
私が扮するウォーリーが隠れています。是非、探してみてね♪

自分の人生は自分で決めるもの。
幸せの価値は自分で決めるもの。
全て自分次第。
だから面白い。
愛のある人生を。
Hirukawa Yu.

model & direction & photos
比留川 游

photos
熊谷直子 cover, P2-55, P76-77, P126-127
蓮井元彦 [FEMME] P56-75, P97-101, P107-111
清水尚子 [starplayers] P112-117

styling
伊藤信子 cover, P2-55, P76-77, P126-127
髙山エリ [A/M] P56-75

hair & make-up
河村慎也 [mod's hair] cover, P2-77, P126-127
小澤麻衣 [mod's hair] P97-101, P107-111
菊地美香子 [TRON] P112-117

painting
Rie fu P122-123

design
灰田文子

text
石橋里奈

artist management
森野圭子、藤村百合子 [STARDUST PROMOTION]

executive producer
細野義朗 [STARDUST PROMOTION]

composition&edit
小林 司

edit
田沼清美

Special thanks!
My Family、Modeling Office AMA、tempra cycle、福田麻衣

衣装協力 cover, P2-55, P76-77, P126-127

H.P.FRANCE exclusive／naichichi／Paratiisi／PURPLE END／A.D.S.R.／k3 OFFICE／Polaroid／superfine／OUTRO SOL／GARDE-N730／JACKSON MATISSE／KINSELLA／TOPSHOP／STRANGE STORE／American Apparel

衣装クレジット

P57 bone-skirt,camisole／BOUTIQUE JEANNE VALET sweater／ANT!PODiUM(UNIT & GUEST)skirt／my panda(Smiles) earring&necklace／HAIGHT&ASHBURY sneakers／YURI tights／stylist's own

P58-59 dress／MANOUSH(MANOUSH 代官山店)ear cuff／MAYLA(UNIT & GUEST) bangle／flake

P60 bare top<with pants>／TORO skirt／MANOUSH(MANOUSH 代官山店)

P61 polo shirts／LACOSTE(LACOSTEお客様センター) skirt／chloma(ぴゃるこ) bag<with tops&skirt>／HAIGHT&ASHBURY

P62 one-piece／COSMIC WONDER Light Source obijime／大江戸和子 sandal／SPEND(DESPERADO)others／stylist's own

P63 haori<reference goods>／大江戸和子

P64-65 dress／TORO

P66 polo shirts／LACOSTE(LACOSTEお客様センター) pants／agnès b. belt／HAIGHT&ASHBURY glasses／model's own

P68-69 coat／DRESSCAMP(DRESSCAMP AOYAMA)collar／TAMAKI FIJIE earring／TORO bangle stuffed animal／HAIGHT&ASHBURY pumps／mellow yellow paris(mellow yellow paris原宿本店) tights／stylist's own

P70-71 shirts,the shirts around the waste,skateboard／AlexanderLeeChang(CHANG CO.,LTD.)pants／Sea New York(BRAND NEWS) sneakers／TORO

P72-73 one-piece／COSMIC WONDER Light Source glasses／OPTICAL TAILOR CRADLE 青山店

〈問い合わせ先〉agnès b. ☎03-6229-5800 大江戸和子 ☎03-5785-1045 OPTICAL TAILOR CRADLE 青山店 ☎03-6418-0577 COSMIC WONDER Light Source ☎03-5774-6866 Smiles ☎03-5724-8521 TAMAKI FUJIE ☎03-6628-3819 CHANG CO.,LTD. ☎03-6804-3799 DESPERADO ☎03-5459-5505 DRESSCAMP AOYAMA ☎03-5778-3717 TORO ☎03-3486-8673 ぴゃるこ ☎03−3477-5828 BOUTIQUE JEANNE VALET ☎03-3464-7612 BRAND NEWS ☎03-3797-3673 flake ☎03-5833-0013 HAIGHT&ASHBURY ☎03-5453-4690 MANOUSH 代官山店 ☎03-3476-2366 mellow yellow paris原宿本店 ☎03-6419-7160 YURI ☎03-5356-8326 UNIT & GUEST ☎03-3710-3107 LACOSTEお客様センター ☎0120-37-0202(五十音順)